从小爱科学　小生活大世界

Tansuo
Shenghuo Da Aomi

探索生活大奥秘

365.25

纸上魔方 / 编著

生物钟的小秘密

山东人民出版社

全国百佳图书出版单位 国家一级出版社

图书在版编目（CIP）数据

生物钟的小秘密 / 纸上魔方编著 . — 济南：山东
人民出版社 , 2014.5（2024.1 重印）
（探索生活大奥秘）
ISBN 978-7-209-06231-2

Ⅰ . ①生… Ⅱ . ①纸… Ⅲ . ①人体－生物钟－少
儿读物 Ⅳ . ① Q811.213-49

中国版本图书馆 CIP 数据核字 (2014) 第 028603 号

责任编辑：王 路

生物钟的小秘密

纸上魔方 编著

山东出版传媒股份有限公司

山东人民出版社出版发行

社 址：济南市经九路胜利大街 39 号 邮 编：250001

网 址：http:// www.sd-book.com.cn

发行部：（0531）82098027 82098028

新华书店经销

三河市华东印刷有限公司

规 格 16 开（170mm×240mm）

印 张 8.25

字 数 150 千字

版 次 2014 年 5 月第 1 版

印 次 2024 年 1 月第 2 次

ISBN 978-7-209-06231-2

定 价 39.80 元

如有质量问题，请与印刷厂调换。（0531）82079112

前 言

　　小藻球是怎样净化污水的呢？含羞草可以预报地震吗？卷柏为什么又叫九死还魂草呢？你见过能预测气温的草吗？什么是臭氧层？为什么水开后会冒蒸气？混凝土车为什么会边走边转呢？仿真汽车是汽车吗？青春期的女孩很容易长胖吗？我为什么长大了？多吃甜食有好处吗？为什么不能空腹吃柿子？没有炒熟的四季豆为什么不能吃？发芽的土豆为什么不能吃？……生活中有太多令小朋友们好奇而又解释不了的问题。别急，本套丛书内容涵盖了人体、生活、生物、宇宙、气候等各个知识领域，用最浅显通俗的语言、最幽默风趣的插图，让小朋友们在轻松愉悦的氛围中提高阅读兴趣，不断扩充知识面，激发小朋友们的想象力。相信本套丛书一定会让小朋友及家长爱不释手。

　　让我们现在就出发，一起到科学的王国探秘吧！

用心发现，原来世界奥秘无穷！

目录

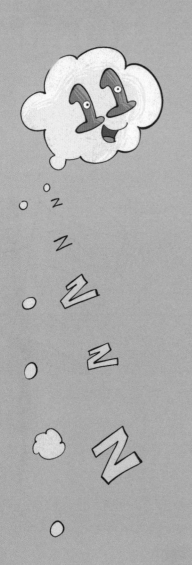

生物钟，一个无形的指挥家

你知道吗？在地球的南美洲生活着一种鸟，它每隔30分钟就会"叽叽喳喳"叫上好一阵子；在非洲丛林中还有一种有趣的小虫子，每过一个小时就改变一种颜色；在南非有一种大叶树，它的树叶每隔2小时就要翻动一次……听了这些，你会不会觉得这个世界好奇妙、好有趣呀？

如果你是一个细心的小朋友，你一定会发现，我们生活在一个很奇妙、很有规律的自然界里。每天太阳都会从东边升起，从西边落下；每年都有四个季节——春、夏、秋、冬；每一

天都有24个小时，如此周而复始。

如果你是一个细心的小朋友，你还会发现，我们每个人都是白天学习和工作，晚上睡觉。人的一生都要经历从婴儿，到少年，再到成年，最后还要变成老年人的周期。还有植物的花开花落、青蛙的冬睡春醒、大雁的冬去春来……

整个世界好像都在按照一个时刻表有规律地运转着，到底是什么神奇的力量指挥着万物呢？这个神秘的力量叫作"生物钟"。生物钟就像一个无形的指挥家，它时刻提醒人们什么时候该做什么样的事。

那么到底什么是生物钟呢？我们快来认识一下它吧！

20世纪的时候，科学家们就发现：人体在一天之内会按照一定的规律进行变化，他们把这种变化比作钟表，所以，"生

物钟"的概念就诞生了。生物钟，主要存在于人类和动物的体内，主要受大脑的下丘脑和视交叉上核所控制。下丘脑会分泌出一种物质，这种神奇的物质能让生物钟充分发挥作用，支配着我们的各种日常活动，并且让我们每天的活动都呈现出一定的规律。比如，当我们感觉饿的时候就是要吃饭了，当我们感觉困的时候就是该睡觉了……而且我们每次感觉到疲倦和饥饿的时间总是差不多。其实，这所有的表现都是因为生物钟在控制着我们的活动。这个无形的指挥家，指挥我们按照一定的规律安排每天的活动，让我们的身体各部分有规律地运行。小朋友们，这个神奇的指挥家要陪伴我们一生呢，快好好对待它吧！

生物钟的产生

在了解了生物钟以后，我们还有一个问题没解决，那就是生物钟是如何产生的呢？

生物钟是受外界刺激而产生的，这种刺激来自于多方面，有地球的公转和自转、地球磁场、光线照射、昼夜变化、季节变化、天气变化等。生物钟接收到这些刺激信号之后，把它们记录下来，慢慢就会做出相应的反应，重新规范自己的生活节奏和规律。有了这种生活的节奏和规律，生物钟也就诞生了。小朋友们，你们知道吗，在远古时代，人们的生活习性和现在相比有着很大的不同呢。这种不同主要是由于人体的生物钟受外界环境变化的影响而发生了变化。总之，有了生物钟，很多生物的生活习性就确定了下来，这对自然环境的稳定可有着不小的作用呢！

如果生物钟被打乱我们会怎样？

生物钟对人体的影响是非常大的，如果没有生物钟，我们会变成什么样子呢？

让我们先来听一个小故事吧！

欧洲有一个很有名的酒，它的商标是一位长寿老人的头像，这位老人活了152岁。当时，英国国王想见这位长寿老人，就请他到皇宫来感受皇家生活，带他游览皇宫、欣赏音乐歌舞……安排了很多很多的活动内容。谁知，由于老人的生活规律突然被改变，一周后老人就死去了。

在我们的生活中，也有一些老人，他们每天都辛勤地劳动，身体状况却非常好。有一些孝顺的子女非让父母"享清福"，不让他们继续劳累了，结果他们反倒感觉身体不舒服，有的甚至是一病不起。生活好了，身体却受不了，这到底是什么原因呢？就是因为他们的生物钟被打乱了。有的人的生物钟几十年都是相对稳定的，所以他们的健康状况是良好的。而生物钟一旦被打乱，很长时间处于紊乱的状态，身体就会产生各种各样的疾病，甚至危及生命。

所以，小朋友们，我们一定要认识自己的生物钟、掌握生物钟、合理调节并顺应生物钟，这对我们身心健康太重要了！

嘻，生物钟有四个神奇的功能！

了解了生物钟的重要性之后，我们一起来看一看生物钟的神奇功能吧。

提示时间。生物钟就像一个小闹钟一样，到了一定时间，它就会让我们自动想起这个时间要做的事情。例如，早晨7点了，生物钟就会对小朋友说，快去上学吧，然后我们就在生物钟的提醒下，背起书包高高兴兴地去上学了；中午的时候，生物钟就会提醒我们，小肚子饿了，快去吃饭吧，然后我们就去吃饭了；天黑了，生物钟会提醒小朋友们要睡觉了，然后我们就钻进暖暖的被窝，很快就进入梦乡了。

提示事件。这个功能和提示时间的功能有点像，但它是建立在另外一件事的基础之上的。也就是说，一件事情发生后，在生物钟的作用下，我们会自动联想到另外一件事。例如老师让你把一本书交给亮亮同学，当你遇到亮亮同学后，生物钟就会起作用了，它会提醒你马上想起有一本书要交给亮亮，然后你才会把书交给他。再举个例子，我们从小到大，要积累很多很多的知识，在需要的时候我们就会想起来，但是它们一般不会主动跳出来，只有在生物钟的提示功能下才会被我们想起。比如老师提到诗人李白，我们就会想到他是唐代的著名诗人，还有很多很多他写的著名古诗。小朋友们是不是已经在高声朗诵李白的诗歌了呢？

维持状态。这种功能的作用就是让我们保持在某种状态下工作、学习或者做其他事情。例如，我们每天都要坐在教室里听课，通常小朋友们可以坐在座位上完整地听完一节课。这其中也有生物钟的功劳，如果没有它，我们就可能注意力不集

中，甚至打瞌睡呢。所以，是生物钟约束我们保持认真听讲的状态，我们可要好好感谢一下生物钟哦！

禁止功能。如果我们正在玩电脑游戏，妈妈喊我们吃饭，这时候我们不得不停下正在玩的游戏去吃饭。我们之所以能够停止游戏，就是生物钟在起作用。如果遇到火灾发生，不管我们手中正在做什么事，都会立即逃生。这种逃生的举动也是在生物钟的禁止功能作用下对所做事情的中止。如果没有生物钟的这种作用，无论外界发生什么事情，我们都不会停止正在做的事情，就像得了强迫症一样，会不停地睡觉、不停地吃饭、不停地跑步……如果大家都在不停地做一件事情，世界会变成什么样子呀？

什么是强迫症?

强迫症,就是一直强迫自己做某件事。例如出门后总是担心门没有锁、煤气阀门没有关掉,甚至会多次回家检查。总的来说,每个人都或多或少地会有一些强迫症现象。但是这种强迫症比较轻微,而且持续的时间短,如果不会引起焦虑等情绪的话,这些都是正常的表现,所以我们大可不必担心。

你了解诗人李白吗?

很多人都会背诵李白的诗,但是,你们了解他吗?我来给你介绍一下吧!李白,701年出生,字太白,号青莲居士,是唐朝著名的大诗人,被人们称为"诗仙"。他出生在今天的四川绵阳地区,5岁跟随父亲搬到巴西郡。李白一生留下来的诗文有千余篇呢,他的代表作有《蜀道难》《将进酒》等,你们能背诵多少李白的诗歌呀?

遗传与生物钟有关系吗?

小朋友们，你们是不是和爸爸妈妈长得很像啊？为什么呢？告诉你们吧，因为我们身体里有一种遗传物质，这种物质可以把爸爸妈妈的一些特点遗传到我们身上，它就是神奇的DNA。其实，生物钟和遗传物质DNA之间也有着密切的关系呢。

我们的身体什么时候开始发育，什么时候长得最快，什么时

候会停止生长，都由遗传物质决定，而遗传物质又要在生物钟的作用下才能发挥作用。

日本的科学家还发现，改变某些遗传基因能够起到改变生物钟的作用。所以，生物钟与遗传基因之间是相互作用、相互影响的关系，改变其中的任何一个，都会引起另一个的变化。因此，那些因为生物钟被打乱而导致失眠、忧郁的人，是可以用改变基因的方式来治疗的。

小朋友们，生物钟是很神奇的东西，里面还有很多奥秘等着我们去探索，但是生物钟的很多特性是可以通过遗传物质来得知的。

与生物钟比较起来，我们的遗传物质中含有更多我们不知道的奥秘，等着大家去探索！

你知道DNA是什么吗？

　　DNA是人体中存在的遗传物质，它上面存在着很多很多的信息，同时它决定着我们的很多特性，我们和爸爸妈妈相似的地方就是遗传物质决定的呢！DNA的形状既不是正方形，也不是圆形、三角形、长方形，它是螺旋状的。这种螺旋状的形态保证了DNA的稳定性，它的双链结构让它在复制的时候更有序，并可以减少错误出现的概率。

你了解DNA克隆技术吗？

　　DNA克隆技术又叫基因克隆技术，这一技术是20世纪70年代，由美国斯坦福大学伯格等人研究建立起来的。那么，这项技术有什么作用呢？举个简单的例子，如果从一只羊的身上取下它的DNA，利用这项克隆技术，就能克隆出一只小羊。一个完整的DNA克隆过程包括：获取基因，选择基因载体，重组DNA并将它导入受体细胞，最后还得通过这种方式繁殖成功才算这一过程的真正完成。

身体的一天

　　小朋友们，你们知道吗，我们身体的每个部位每天24小时都在做着不同的工作，只有这样才能让我们的身体保持健康。在24小时之内，你的身体都做了些什么？让你体内的生物钟小秘书来讲一讲吧：

凌晨1点，我已经睡了好几个小时了，要开始进入梦乡了。这个时候的我呀不仅容易做梦，也容易被惊醒，所以，你们一定要小点声，不要吵醒我哦。

凌晨2点，我的身体已经进入了休息状态，但是肝脏还在工作着，它会在这段时间内产生一些我身体所需的物质，还会把一些有害的物质分解掉，等待第二天排出体外。

凌晨3—4点，这段时间，我的身体完全进入放松的状态，由于脑部供血量的减少，呼吸的次数也会随之减少，这个时候我很容易被轻微的声音惊醒。

凌晨5点，这段时间是一个转折点，我肾脏的分泌会逐渐减少，如果这个时候起床很快就能进入精神饱满的状态。

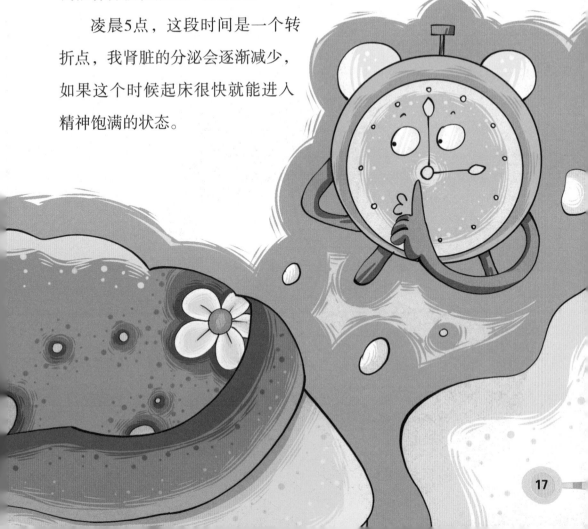

早晨6点，我身体的各个部分都开始慢慢醒过来了，这个时候还是我最佳的记忆期呢！所以在这个时间早起背诵效果非常好。

早晨7点，我的体温上升得很快了，血液的流动也加快了，身体的免疫力也加强了。

早晨8点，我的身体完全恢复正常了，偶尔还会进入兴奋状态，大脑的记忆能力也得到了加强，这段时间是我的第二个最佳记忆期。

上午9点，我的记忆能力依然很好。

上午10点，这可是我学习和创造力的最佳时间呀，所以，我要把握好这段时间，好好学习。

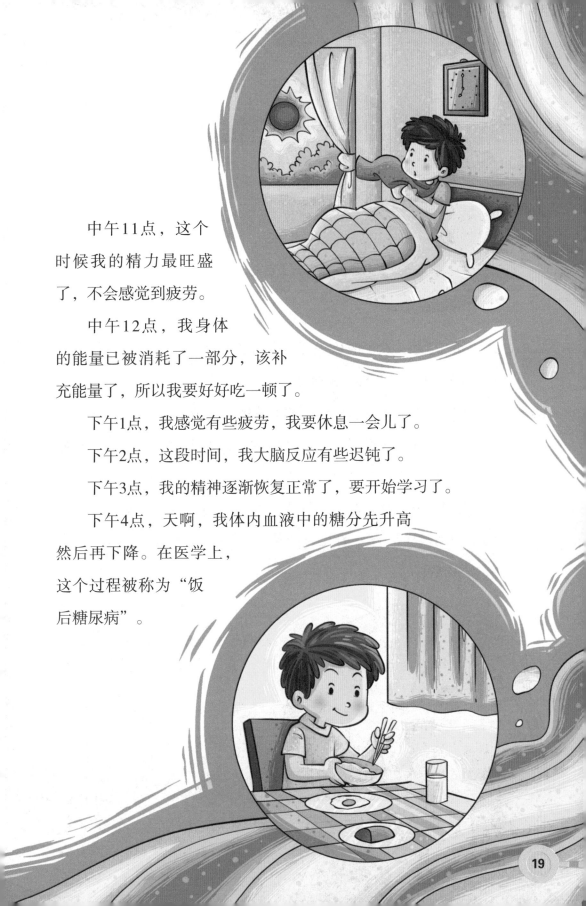

中午11点，这个时候我的精力最旺盛了，不会感觉到疲劳。

中午12点，我身体的能量已被消耗了一部分，该补充能量了，所以我要好好吃一顿了。

下午1点，我感觉有些疲劳，我要休息一会儿了。

下午2点，这段时间，我大脑反应有些迟钝了。

下午3点，我的精神逐渐恢复正常了，要开始学习了。

下午4点，天啊，我体内血液中的糖分先升高然后再下降。在医学上，这个过程被称为"饭后糖尿病"。

下午5点，这个时候最适合我锻炼身体了，而且，效果要比早上好很多呢，我要去锻炼了。

晚上6点，我在这个时候的锻炼效果是最好的。

晚上7点，这段时间，我的精神状态不太稳定，比较容易激动，所以，你可别惹我呀。

晚上8点，这是我体重最重的时候，因为吃了很多的食物，喝了很多的水，这个时候我的反应速度非常快，你可以考考我脑筋急转弯，或者来几道数学题也行。

晚上9点，我的记忆能力达到一天的最高峰，也是最有效率的

时候，所以，我经常选择睡觉前背一些东西。

晚上10点，我的体温开始逐渐下降，新陈代谢速度减慢。

晚上11点，我的身体已经准备好休息了。

零点，我的身体开始了它最繁重的工作——将死亡的细胞排出体外，并复制出新的细胞，为第二天的生活做好准备。

小朋友们，看了这些之后，你是不是觉得我们拥有一个很神奇的身体呢？其实我们每个人一天内做的事情都是差不多的，我们的身体每时每刻都在按一定的规律做着不同的工作，所以我们最好不要打乱身体的生物钟，要好好地爱护它哦！

每个人的生物钟都一样吗?

小朋友们，看了你身体生物钟24小时作息时间之后，可千万不要以为我们每个人的生物钟都是完全一样的呀。其实，根据性别、年龄、生活习惯的不同，我们的生物钟是有差别的。比如，上了年纪的爷爷奶奶早上总是比我

们起得早。那么处于同一个年龄段的人，生物钟就完全一样吗？当然也不是完全一样啦。

可能有的小朋友会说，我和我同班同学的生物钟都是一样的，因为我们同一时间上学、同一时间上课、同一时间吃饭、同一时间放学……但是小朋友们，你们有没有想过，你们是处在一个相同的环境中，如果换一种环境，大家的生物钟还会相同吗？例如小明每天早上要帮助妈妈干活，晚上还要帮妈妈收拾东西到很晚，那小明每天休息的时间就比大家少很多，长时间下来，小明的生物钟是不是和你的就有了不同呢？再如，小刚和大家的作息时间是一样的，都是晚上九点半睡觉。但是小刚家附近很吵，小刚往往要用很长时间才能睡着，那小刚早上就可能起不来。还有的人不习惯午睡，但是另一些人如果不午睡，下午就提不起精神来。所以说，尽管是处在同一个年龄阶段的人，由于个人的生活环境和生活习惯等不同，大家的生物钟还是有差别的。

生物钟是会发生变化的

小朋友们，在你的生活中，有没有发生过这样的事情：

每到放假的时候，早晨你总是会赖在床上，没有了上学时一骨碌就爬起来的动力；你在幼儿园的时候还有午睡的时间，可是上了小学以后，就不再午睡了……

你的这些改变，正是生物钟的变化。

假如，有一天爸爸妈妈要带你去另外一个国家生活了，那个国家的时间和我们国家

的时间正好相差12个小时。如果你的生物钟不变的话，一家人依然按照和自己国家一样的作息时间进行生活，那岂不是别人在学习的时候，你在睡觉，等别人睡觉的时候，你反而要起床去上学。这显然是不可能的，所以，你的生物钟一定会随着环境的改变而改变，变得和其他人一样，按照所在地区的作息时间来安排自己的生活。

虽然生物钟会发生变化，但是它也有自己的调节能力，能让我们在一段时间内适应一种新的生活规律。但是，经常调节自己的生物钟，对我们的身体是非常不利的。例如，有些工厂，为了多生产产品，让机器24小时都在运转。这样一来，工人们就得轮流上班。

一般工厂会按照白班、夜班的方式轮流值班，每个人一般是上一周的白班，再上一周的夜班，交替进行。这种工作方式就要求工人经常调节自己的生物钟，这很不利于他们的身体健康。又如之前给大家讲到的那位因为改变生物钟而去世的长寿老人。所以，为了我们的健康，千万不要随便经常改变自己的生物钟哦。

怎样才能拥有健康的生物钟呢？

生物钟对我们真的是太重要了，是我们拥有健康身体的基本保障。但是，如果生物钟不听我们的话，或者生物钟总也没有规律，那我们的生活可就麻烦了。所以，我们应该尽全力让自己的生物钟规律起来。可是，什么样的生物钟才是最规律、最健康的呢？我们怎样才能拥有一个健康的生物钟呢？

　　只要我们按照以下去做，保证你会有一个健康的生物钟和棒棒的身体。

　　首先，一定要早睡早起。为什么我们要早睡早起而不是晚睡晚起呢？这里面是有科学依据的：早上7—10点时，我们的体力最旺盛，这个阶段是我们学习的最好时间，到了中午，我们的体力就减弱了。

　　其次，中午一定要休息一下。午饭后我们的身体会感到

有些疲劳，学习效率自然就降低了，在这个时候午休也就显得非常有必要了。午休可以让我们的身体得到短暂的放松。小朋友们如果中午在学校，可以闭上眼睛，稍微休息一会儿，哪怕是十几分钟，你的精力也会得到恢复的。

最后，就是要合理安排一下下午的时间了。下午2—4点，我们的身体又精神起来了，这个时间最适合学习了。等到4—5点时我们精力又开始减退了，学习的热情会下降，这也是为什么很多学校都在这个时间安排自习课的原因。到了晚上，我们的身体就不适合学习了，一定要上床休息啊，好让身体得到休息，养足精神，为了明天能有更好的精力去学习。

所以，小朋友们，为了让自己能有一个棒棒的身体和充足的精力，一定要按照生物钟来规范自己的生活规律，合理安排作息时间。这样才能让生活节奏和我们的生理规律搭

配得更加完美，保持充沛的精力来学习、生活。

想要拥有最健康的生物钟其实一点都不难，对吧，小朋友们？只要我们每天听爸爸妈妈的话，按照他们说的时间上床休息，保证充足的睡眠，不要迷恋动画片和游戏，生物钟一旦出现不正常的情况就及时调整过来，这样我们就会拥有健康的身体。

原来，生物钟有时候也会"失灵"哦！

　　虽然生物钟一旦养成之后，是很难改变的，但是，它有的时候也会"失灵"哦！

　　下面，我就给大家举几个生物钟"失灵"的例子吧！

　　例一：在《生物钟是会发生变化的》那一节里面，我们举过一个例子，如果第二天要放假，前一天晚上睡觉时我们就会告诉自己的身体，第二天不用早起了。那第二天清晨就算生物钟告诉自己到了要起来的时候了，但自己的潜意识还是会提醒我们今天早上不用早起，那我们就会很自然地接着睡了。这个现象，不仅可以说明生物钟会变

化，还可以说明，生物钟有时候会"失灵"的呀。

　　例二：如果今天我们去旅游，玩得很累，身体非常疲惫，需要好好地休息一下，于是我们躺在床上，呼呼地睡起了大觉。可是到了第二天早上，我们的身体还是没有完全休息好，于是生物钟就好像突然罢工了一样，怎么叫我们的身体，我们都起不来，这也说明你的生物钟"失灵"了。小朋友们，你们有时候早晨起不来床上学迟到了，是不是与此类似呢？

　　例三：有时候我们吃药了，在这些药物作用下生物钟可能也会出现"失灵"哦。有一些人，由于晚上经常失眠，他们就会选择吃安眠药，但是如果安眠药吃多了，早

晨就有可能不能按时醒过来呀，这就是药物导致生物钟失灵的表现。

小朋友们，虽然生物钟有时候会"失灵"，但是我们不必为此担心，只要我们再按照一直以来的生活规律把自己的生物钟调整过来，就一点问题都没有啦！

什么叫潜意识?

潜意识,是一个心理学术语,它是指人类心理活动中,不能认知或没有认知到的部分。潜意识具有巨大的能量,它是显意识力量的3万倍以上。人的潜意识喜欢带感情色彩的信息,但是它辨别不出真假,容易受图像的刺激。人在放松的时候,最容易进入潜意识状态。

安眠药的危害可真大!

许多睡眠不好的人长期吃安眠药,虽然它能给他们带来一个好的睡眠,但是,它的危害可不小呀。吃安眠药容易成瘾,而且它有一定毒性,对肝肾损害很大,还会引起胃肠功能紊乱,严重的还会导致记忆力减退呢。

生物钟的"心情"

　　小朋友们，你们知道为什么有的时候学习成绩一般的学生却能考出很好的成绩，而名列前茅的学生偶尔会在考试中发挥不好呢?为什么一贯行为文明的人有时会突然与人吵架，而脾气暴躁的人有时候也会很温柔呢?原来呀，人体内的生物钟也会

有"心情"好坏的变化呢。那么生物钟什么时候"心情"好，什么时候"心情"不好呢？我们一起来了解一下吧。

我们每个人的身体里都有智力、情绪和体力这三种生物钟，他们的周期分别是33天、28天和23天。每一个周期内，它们都有着"心情"好坏的变化，而且这种变化是固定的。如果这三种生物钟"心情"都好，我们就会感到精力充沛，思维也很敏捷，并且情绪乐观，记忆力、理解力也比其他时候都强，这个时期是学习、工作、锻炼的最好时机。我们要好好把握这个时候，在这个时候增加学习和运动量，往往会达到事半功倍的效果。学生在这个时候考试，通常会取得较好的成绩；作家在这个时候创作，会有很多的灵感；运动员在这个时候比赛，也更容易突破自己以往的纪录。

相反，如果正好赶上这三个生物钟"心情"都不好，那么我们就会情绪低落，精神状态不好，反应也会迟钝，还容易健忘、走神，小朋友们在这个时期考试也不容易考出好成绩。当

然了，这不是考试的决定因素，只有平时加倍努力，才会取得好的成绩呀。

那么，我们怎么才能知道自己的生物钟什么时候"心情"好呢？下一节，我们就来学习一下计算方法吧。

第一名

快来计算一下你的生物钟
什么时候"心情"好吧！

在了解了生物钟的"心情"会有变化之后，你是不是很想计算一下你自己的生物钟什么时候"心情"好呀？我来教教你怎么计算生物钟的周期吧。

首先，我们先来算一算到今天为止你出生有多少天了，这里要用到一个公式：

出生天数=（365.25×你的周岁数）± X

周岁数就是我们的实际年龄，为了统一计算标准，所有不满一岁的都算作一岁。不过这样一来，计算就有了严重的误差，所以在后面要加上或者减去一个数值X。生日在计算之日前，这里就用加号，生日在计算之日后就用减号。X是除周岁以外的天数，也就是我们的生日到计算之日的天数。

是不是有点难啊？我来给大家举个例子吧。

如果你是2002年10月1日出生的，要计算你2012年10月30日的生物钟周期，那么就应该这样计算：

出生总天数=（365.25×10周岁）+29天=3681天

（因为2012年10月30在2002年10月1日之后，所以我们选择"+"号）

算出了总天数后，用它分别除以33、28、23，这三个数字分别代表着智力、情绪

和体力的周期天数。继续按照上面的例子，3681÷32=115……
1，3681÷28=131……13，3681÷23=160……1。这三个公式
的运算结果分别代表着智力、情绪、体力生物钟已经运行的周
期数，余数则分别代表着新开始的周期运行到第几天了。比如
说，智力生物钟运行了115个周期，第116个周期正运行到第一
天；情绪生物钟已运行了131个周期，现正处在第132个周期的
13天；而体力生物钟运行了160个周期，现正处在第161个周期
的第一天。如果总天数除以生物钟周期数正好得到一个整数的
话，则说明生物钟正好运转在生物钟周期的最后一天。

我们要了解自己的生物钟正处于哪个期间，高潮期、低潮期或是临界期，还可以采用半周期法。用33、28、23分别除以2，得到半周期数。智力半周期数为16.5天；情绪半周期数为14天；体力半周期数为11.5天。如果第二步骤计算得到的余数比这个生物钟的半周期小，那么这个生物钟就正处于心情好的时期；如果比半周期大，则生物钟正处于心情不好的时期，上面我们计算的这位小朋友，目前的生物钟就处于心情好的时期。

改变生物钟的好方法

　　小朋友们，小的时候，爸爸妈妈会不会经常带着你去晒太阳啊？暖洋洋的太阳光晒在身上，很舒服吧？其实，太阳光有着很神奇的力量呢。如果日照不足，可能会影响我们身体里的生物钟，让我们烦躁、焦虑，甚至疲倦、犯困还变胖呢。

　　在影响生物钟的众多因素中，光照是最重要的因素之一。在合理利用光线的情况下，人体的生物钟可以提前或者推后两个小时呢。清晨的光线可以向前拨动生物钟，而夜光可以向后拨动生物钟。那些常常熬夜的人，就需要增加光照，并在夜间

工作学习时增强室内光线；在白天补觉时可以戴一副具有遮光效果的眼镜或者在卧室内挂上遮光性强的窗帘，达到避光的目的。利用光照还可以改善生物钟周期。如果一个人的生物钟周期不到24小时，通过什么方法可以改善它呢？最简单的方法就是改变光照。如果生物钟周期短于24小时，可以在卧室窗户挂遮光窗帘，减弱早晨的太阳光线；如果生物钟周期超过24小时，则采取相反的做法，尽量增加照明。这样，就可以让我们的生物钟周期达到24小时了。

一天中最重要的时间

小朋友们，仔细想一想，一天当中哪段时间对我们的身体最重要呢？是早上、中午还是晚上呀？

其实，我们一天最重要的时间有三个，早晨、傍晚还有凌

晨。它们为什么重要呢？我来告诉你吧。

每天早上我们一觉醒来，就进入了一个重要时间段，也就是早上6—9点。在这个时间段我们的身体比较弱，容易生病。掌握了这个知识我们就要提醒家人，早晨起来的时候可要注意保护好自己的身体呀。

傍晚是一天中另一个最重要的时间。这段时间内，最容易引发心脏病了。如果你的亲人中有心脏不好的，你可要提醒他，这段时间要注意休息呀。

了解了早上和傍晚这两个时间段的重要性后，大家一定不要忽视凌晨哦，这段时间人的血压和体温都会变低，尤其是那些年纪大、身体不好的人更要注意喽。

一周和一个月中的重要时刻

你最喜欢一周中的哪一天呢？肯定会有很多小朋友最喜欢星期六和星期天，因为周末不用去上学。但是，你们听说过"黑色星期一"的说法吗？这可不是因为星期一我们要上学，又要开始紧张的学习才有这个说法的呢，这是医学上的称呼。

在医学上，说星期一是"黑色"的，是因为星期一对于心脑血管病人来说是最危险的时间。它的发病率和死亡率都比其他时间要高很多呢。

知道了一周中的重要一天后，我们再来想一想，一个月中的哪一天最重要呢？这个问题可能有点儿难，我来告诉你答案吧，它和月亮有关。你们知道吗？月亮具有吸引力，每当月亮圆圆的时候，我们人体内的血液受到的压力就会变小，容易引起心脑血管疾病的发生。小朋友们，如果你们的爷爷奶奶或者外公外婆有心脑血管方面的疾病，大家不妨把这些知识告诉他们，让他们在每周的星期一和每个月月圆的那段时间更加注意休息，保护好自己的身体呀。

一年和一生中的重要时刻

一年有四个季节，那么小朋友们最喜欢哪个季节呢？你们的回答一定是不一样的，因为每个季节都有每个季节的特色。春天我们可以在草地上欢快地奔跑，夏天我们可以在水里自由自在地游泳，秋天我们可以去郊外采摘新鲜的水果，冬天我们可以在雪地里打雪仗，每个季节都是那样丰富多彩……其实，这四个季节中，有两个季节，对我们的身体非常重要，那就是夏季和冬季。小朋友们，你们知道吗，我们人体的正常体温一般是在37℃左右，但是夏季气温升到35℃以上后，就会对我们身体构成威胁了，所以，夏天的时候，我们一定要做好避暑的工作。而到了冬天，医院门诊及住院人数就会增多，因为寒冷的天气，让我们的身体有点儿承受不住了。所以，冬季，我们一定要做好防寒的工作呦。

人一生中重要的时刻是在什么时候呢？小朋友们，你们会不会以为是老年啊？那你的回答就错了，中年才是人一生最重

要的时刻呢。到了中年，人的身体会出现很多不舒服的现象，免疫力明显降低了。再加上还要照顾孩子，工作和生活都会有压力，所以，这个时候保护好身体是最重要的。

　　了解了人体生物钟的重要时刻后，我们要学以致用呀，小朋友们一定要爱护自己的身体哦。夏天的时候千万不要在阳光下暴晒，当心中暑；冬天也不要因为贪玩而一直待在雪地里，小心感冒。另外，也要提醒步入中年的父母注意身体，生命是非常宝贵的，爱护它是我们每个人的责任。

人为什么要睡觉呢?

在我们形形色色的生活中,无论是什么人在经历了或忙碌或悠闲的一天后,都要好好地睡上一觉。人为什么要睡觉呢? 其实呀,在动物王国中,睡眠就和吃饭、喝水一样同等重要，从小动物到我们人类，都是如此。

那么我们到底为什么要睡觉呢？

有人说呀，这是我们的生理时钟决定的，我们什么时候吃饭，什么时候睡觉，什么时候学习，都是按照一定的顺序进行的。这种顺序是由我们的生理时钟早就规定好的；还有人说睡觉是为了恢复和保养我们的身体，睡眠就是为了恢复我们的精力，缓解疲劳。就像我们只有吃饱了才有力气干活一样，我们只有休息好了，才有精神去学习；还有人说，睡觉是演化的结果。各种动物之所以表现出不同的睡眠方式，是长期演化的结果。我们人类在夜间睡觉，是因为早期人类没有夜间行动的能力。牛羊等动物们睡眠是分阶段进行的，是因为它们一直生活在空旷、无固定地点的地方，必须随时休息，随时起来，以免遭受敌人的侵袭。还有一些蛙与蛇之类的动物，在寒冬不能出外觅食，也没有迁徙能力，为了适应寒冷的环境，它们就只能冬眠了。

什么叫迁徙?

迁徙是指由于季节的改变,动物从一个地方迁到另一个地方,更多的是指某种动物在每年的春季和秋季,有规律地、沿着相对固定的路线定期地进行长距离的往返移居的行为现象。

什么叫演化?

演化又叫进化,是指生物在不同时间段具有很大差异的现象。演化是生物对环境的适应和物种间竞争的结果。在大自然优胜劣汰的选择过程中,会有很多物种的特征被保留或是淘汰,甚至使新物种诞生或原有物种灭绝。据生物学家推测,地球上所有的生命,都是30多亿年前共同的祖先演化来的,之后生物持续不断地演化。到了今天,世界上现存估计大约13500000个物种呢,演化的力量可真伟大呀。

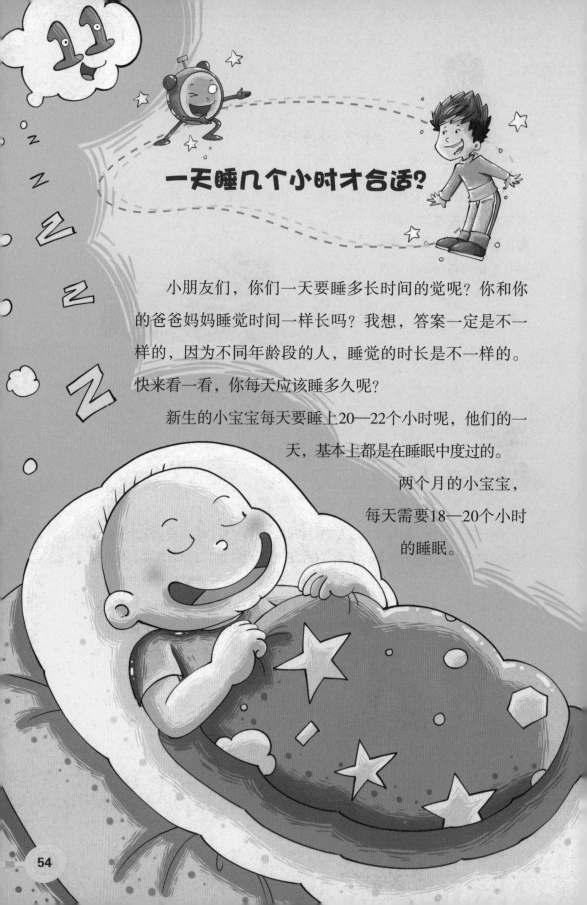

一天睡几个小时才合适？

小朋友们，你们一天要睡多长时间的觉呢？你和你的爸爸妈妈睡觉时间一样长吗？我想，答案一定是不一样的，因为不同年龄段的人，睡觉的时长是不一样的。快来看一看，你每天应该睡多久呢？

新生的小宝宝每天要睡上20—22个小时呢，他们的一天，基本上都是在睡眠中度过的。

两个月的小宝宝，每天需要18—20个小时的睡眠。

1—3岁的小宝宝，每天需要11—15个小时的睡眠。

5—10岁的小朋友，每天需要9—10个小时的睡眠。

12—18岁的青少年，每天需要9个小时的睡眠。

随着年龄的逐渐增长，人的睡眠时间也不断缩短。到了成年，睡眠时间就缩短为7—8个小时，但是不得少于6个小时。到了60—70岁，每天需要睡9小时。90岁以上的老人，每天最少要睡上10个小时，才能保证身体健康呀。

大家可千万不要以为睡眠时间越长越好，睡眠时间过长同样可能会导致精神疲倦，新陈代谢速度减慢，睡眠时间过长对智力也会造成一定的影响呢！如果你想要通过增加睡眠时间来调整自己的身体健康状况，一定不会成功的。

　　小朋友们，你几岁了？你知道适合自己的睡眠时间了吗？要保证足够的睡眠时间，才能够保证我们每一天都有充足的精力进行活动，熬夜可是行不通的哦！

神奇的深度睡眠

小朋友们，深度睡眠，有好多好多神奇的作用呢，你们想知道吗？

在了解深度睡眠的好处之前，我们先来了解一下睡眠过程吧。我们的睡眠过程要分为几个阶段：由浅度睡眠，进入深度睡眠，最后在快要醒来时又要回到浅度睡眠。其中，深度睡眠对我们非常重要，如果这个阶段休息不好，那就会影响我们第二天的精神状态和学习效果

了。其实，深度睡眠除了让我们有一个好的精神状态外，还有好多神奇的作用呢。

作用一：深度睡眠可以让我们变成聪明的小朋友。很多人认为贪睡的人很愚蠢，但是在深度睡眠中，却能加深我们对所学知识的记忆，在睡觉之前看书学习，效率是最高的。

作用二：深度睡眠还能帮助我们解决一些在清醒时解决不了的难题呢，很神奇吧！这是因为在夜晚周围很安静，我们能够排除干扰，思维变得更敏捷，解决我们白天想不通的难题。伟大的科学家爱因斯坦就是在睡眠中构思出了相对论的大部分内容。当然，小朋友们，你们也不能把所有不懂的问题都留在睡梦中解决哦！

作用三：深度睡眠有助于提高我们白天的学习效率。因为深度睡眠能让大脑充分休息，大脑工作起

来当然更有效率了，它就像给机器上了润滑油一样，工作起来会比之前快很多。

深度睡眠真的是好神奇呀！小朋友们，为了让我们第二天能有一个好的精神状态来学习，你们可要好好睡觉啊！

"百灵鸟"式和 "猫头鹰"式睡眠

每个人都有自己的作息时间，有人喜欢早睡早起，有人喜欢晚睡晚起。这两种不同的睡觉方式，被起了两个很好听的名字，叫"百灵鸟"式和"猫头鹰"式睡眠。这两种不同的睡眠方式各有哪些特点呢？

"百灵鸟"式睡觉方式的人，喜欢早睡早起。每天很早就能精神饱满地投入学习和

工作了，到下午工作效率就慢慢降低，夜幕刚刚降临，他们就会呵欠不断，爬上床很快就会进入梦乡的。

"猫头鹰"式睡觉方式的人，喜欢晚睡晚起。早晨醒来后，慢悠悠地翻翻身，磨磨蹭蹭地不爱起床。上午的工作效率一点都不高，到了下午精神才慢慢旺盛，天黑以后，劲头反而足了，学习工作到深夜也不会感觉到疲倦，好像有用不完的劲儿。这类人即使让他们早上床也是很难睡着哦。

这两种睡眠方式的不同，其实是与人体的日常体温变化有关的。"百灵鸟"式的人，每当傍晚，体温比正常体温低，所以他们要早早地睡觉；而"猫头鹰"式的人，在傍晚时体温会上升，所以他们晚上精力十足。

对付失眠办法多

小朋友，你可能会有这样的疑问：我很想让自己一躺床上很快就能睡着，可就是睡不着，总失眠怎么办？如果真是这样，你可千万不要学电视剧里的人物吃安眠药啊，因为安眠药对人的身体伤害是很大的。要想对付失眠，科学的方法还是很多的，我来教你们几招吧。

方法一：喝杯牛奶睡得香。因为牛奶中含有一种物质，它能够阻止我们的大脑过度兴奋，还能使我们产生疲倦的感觉，所以，睡前喝杯牛奶，你会美美地睡上一觉哦！

方法二：水果催眠效果好。因为过度疲劳而失眠的人，睡觉前吃点苹果、香蕉等水果，可以消除疲劳。另外，把橘子、橙子放在枕头边，它们的香味也能促进我们睡眠呢。

方法三：大枣催眠也很好。大枣可以改善失眠症状，每天晚上把大枣放到水里煮着喝，对睡眠有不小的帮助呢！

虽然，上面三种方法都会对失眠症状有一定的缓解作用，但是我们不能光指望着这三种方法来彻底解决失眠的问题。我们最重要的还是要在平时养成良好的习惯，比如，每天进行适当的体育锻炼、保持乐观开朗的心态、注意饮食健康等。有了健康的生物钟，再加上这些对付失眠的好办法，以后我们就再也不怕失眠了，对吗？

睡眠不足，危害非常大

如果一天两天睡眠不足，对我们的影响不会很大，但如果长期缺乏睡眠，那对我们身体的危害可就大了，让我们深入了解一下吧！

危害一：睡眠不足，会影响我们的生长发育。

小朋友们，你们是不是发现自己的个子越来越高了呀。其实，我们多数都是在晚上睡觉的时候长身体。因为晚上睡觉的时候，我们的身体会分泌一种物质，叫生长素，它能促进我们的骨骼、肌肉和器官发育。在白天，这种生长素分泌得就少。所以，我们要保证充足的睡眠，才能让身体发育得更好哦。

危害二：睡眠不足，会影响大脑的智力。

有科学家做过这样一个实验，他们找了24名学生，并把他们分成两组，两组学生的测验

成绩一样。然后，让其中一组学生一夜不睡，另一组正常睡眠，再进行测验，结果没有睡觉的那组成绩明显落后于睡觉了的学生。这说明，睡眠不足，会影响我们的智力呀。

危害三：睡眠不足，会影响皮肤的健康。

　　小朋友们，你们见过妈妈有黑眼圈的时候吗？那就是晚上没有休息好导致的。还听妈妈说过，如果长时间睡眠时间不足，就会导致皮肤暗淡、没有光泽，还容易长出皱纹。小朋友们，你们不会出现皮肤没有光泽的状况，一是因为睡眠充足，二是因为你们的新陈代谢比较旺盛。不过随着年龄的增长，你们一定要更加注意保证充足的睡眠，同时也不要忘记提醒爸爸妈妈一定要保证睡眠时间哦！

危害四：睡眠不足，会引发很多疾病呢。

生病时，医生经常会对病人说"要多休息"。从医生的话中，我们也可以听出好好休息能够帮助病人康复。另外，经常睡眠不足会导致心情忧虑、焦急，免疫力也会降低，因此会引发各种疾病，比如感冒、神经衰弱等。

小朋友们，看到这里是不是觉得睡眠不足就像一个隐形的杀手啊！如果我们不好好睡觉，不好好对待自己的身体，有一天这个杀手就可能会出现啊，它让我们的身体素质不断下降。所以，你们一定要好好睡觉，这样才能拥有健康的身体，才能有精力去更好地学习。

早睡早起身体棒！

　　你们是不是从小就总听爸爸妈妈说"早睡早起身体好"啊？那爸爸妈妈为什么这么说呢？你们知道"早睡早起身体好"的具体原因吗？

　　你有没有听过"日出而作，日落而息"这句话呢？它是形容人的一种健康的生活习惯，我们的生活规律应该和太阳一样，太阳出来了就出去工作，太阳下山了我们就回家休息，这样就和太阳的运行保持一致了，工作的时候就有更充沛的精力，休息的时候也会睡得更香。

现在我们说的要"早睡早起"其实是和我们身体里的生物钟有关。早睡一般是指晚上10点左右休息，因为到了11点，各个器官就要开始休息了，如果我们长期不让自己的器官得到良好的休息，总有一天，它们会承受不住的。很多人在年轻时就患上了各种疾病，就是因为一些不好的生活习惯导致的。我们的身体只有经过一个晚上的充足休息之后，大脑才会有精神工作。如果我们白天睡觉，晚上工作，就会发现既睡不好也工作不好。这是因为我们都有着固定的生物钟啊！

小朋友们，你们还处在长身体的时候，特别是晚上，那是我们长身体的最佳时期，所以一定不能贪玩不睡觉哦！养成早睡早起的习惯会让我们的身体更加健康呢！

什么样的姿势，让你睡得更香？

小朋友们，你们知道吗，我们在春夏季节应该"晚睡早起"，秋季应该"早睡早起"，冬季应该"早睡晚起"。正常人睡眠时间一般在每天 8 小时左右，如果身体虚弱，那就应该适当增加睡眠时间。那么，什么样的睡觉姿势会让你睡得更香呢？让我来告诉你吧。

　　头向北，脚朝南，是最好的睡觉方式了。因为我们人体随时随地都受到地球磁场的影响，睡眠过程中，大脑同样受到磁场干扰。人睡觉时采取"头北脚南"的方式，使磁力线平稳地穿过人体，可以最大限度地减少地球磁场的干扰，使睡眠更加香甜。

　　身体保持弓箭一样，右侧在下边，是最好的睡觉姿势。因为"睡如弓"能够减小地心引力对人体的作用力。由于人体心脏多在身体左侧，右侧卧可以减轻心脏承受的压力。同时，双手不要放在心脏附近。

做梦会影响我们的睡眠质量吗？

做梦是人体一种正常的、必不可少的生理和心理活动。我们在入睡后，一小部分脑细胞仍在活动，这就是梦的基础。那么我们为什么要做梦，不做梦会有什么影响吗？

正常的梦境活动，是保证我们身体活力的重要因素之一呢。科学家们做了一些阻断人做梦的实验。结果他们发现，对梦的剥夺会导致人体一系列的生理异常，如血压、脉搏、体温以及皮肤都有很大的变化，神经系统的功能也减弱了，同时还会引起人的一系列不良心理反应，如出现焦虑不安、紧张、易怒、感知幻觉、记忆障碍、定向障碍

等。没有了梦，我们会出现这么多不良的反应呢，小朋友们，看来梦对我们还是很重要的。

梦还是协调人体心理世界平衡的一种方式呢。由于人在梦中以右侧大脑半球活动占优势，而醒来后则以左侧大脑半球占优势，醒来和做梦交替出现，可以调节神经系统。因此，梦是协调人体心理世界平衡的一种手段，特别是对人的注意力、情绪和认识活动有很

明显的作用。

　　没有梦的睡眠不仅质量不高，而且还是大脑受损害或有病的一种表现呢。梦是大脑健康发育和维持正常思维的需要。如果大脑调节中枢受损，就形成不了梦了，或仅出现一些残缺不全的梦境。如果你长期睡觉不做梦，那可要注意了。当然，如果长期噩梦连连，那也是身体虚弱或患有某些疾病的预兆呦。

　　其实在睡觉的时候，我们的大脑仍在工作，对白天经历的事情和想到的事情重新进行分类和清除。在这个过程中，不同的事情和想法会串在一起，重新组合，形成梦境。那么为什么每天都在做梦，而我们常常没有记忆呢？其实呀，人在做梦后5分钟之内醒过来，就能够回忆起梦的内容，而如果做梦很长时间以后再醒，人就回忆不起来梦的内容了。

我们应该几点起床呢？

　　小朋友们，如果我们能按照身体生物钟的规律来安排自己一天的学习、运动和休息时间，就可以让自己的生活变得健康而有规律。当然了，你要是违背生物钟的规律，就容易让生物钟失灵，严重的还会影响你的健康呢。所以，你可要严格听从生物钟的指挥呀。

　　先来看看，生物钟安排我们几点起床吧。

　　其实，我们最健康的起床时间是在早晨的7:20，因为早晨7点左右是我们身体生物钟状态最好的时候。这时，我们体温升高了，精神也饱满了，是起床的最佳时刻。当然了，小朋友们平常每天都要早起上学，不到7:20就得起床，没有关系的，你们可以在放寒、暑假的时候睡到

7:20嘛。

还有，就是在不同的季节我们起床的时间也应该有所调整。之前已经给大家讲过了，就是在春天和夏天的时候，我们最好晚睡早起；秋天的时候我们最好是早睡早起；冬天的时候我们最好是早睡晚起。你们还记得吗，可爱的小朋友们？

我们应该什么时间午休呢?

　　小朋友们,你们有没有过这样的经历:有时候中午睡觉醒来后,觉得浑身不舒服,而且精神状态也不好。怎么睡了一大觉,反而没有精神呢?这是因为你午睡时间太长了。那么,怎么午休才科学呢?我们吃完午饭以后,千万不要马上就午休啊,因为马上午休就会降低我们肠胃的消化功能。我们最好是在吃完午饭30分钟以后再休息。午休时间最好不要超过30分钟,这样起来后就不会影响你的学习。如果午休时间太长,超过1个小时,那起来后我们就会觉得全身困倦无力,甚至比不午休还要疲劳呢。

日夜颠倒的生活对身体有害吗？

小朋友们，我们中国有一个传统的习俗叫守岁，你知道吗？就是在除夕这一天，全家人围坐在一起说说笑笑，一夜不睡来迎接新年的到来。但是熬了一夜，白天的时候不免会感到有点精神不振。只不过这时候的"不精神"会因为过年的热闹气氛而让我们感觉不明

显。

　　过年是我们中国人心中最盛大的节日了，大家因为热闹偶尔不考虑自己的生物钟习惯可以理解，但是如果长时间这样日夜颠倒的话，就会导致生物钟紊乱，会对我们造成很严重的影响。所以，除了特殊情况，你们尽量不要熬夜。生物钟紊乱后，会有哪些症状出现呢？

　　长时间日夜颠倒的生活会使我们的注意力难以长时间集中，思考以及认知事物的能力也会变差。刚刚开始做一点事情，就会感到疲劳，有时候，还会觉得萎靡不振，工作、学习的效率也会大大降低，更严重的还会出现厌食的症状，身体的免疫力也会下降，还有可能生病呢。长时间日夜颠倒的人会经

常感到"困了睡不着，饿了吃不下"，就好像生活在另外一个世界一样，就算他们白天休息，但是由于光线以及吵闹等方面的原因，睡眠质量也没有晚上好。另外，如果是一个生活作息很有规律的人忽然改变了习惯，那他恢复起来要花的时间就会更长。

日夜颠倒的生活对身体的危害是很大的。我们要做的就是好好爱护自己的身体，尽可能让生物钟不受外界的影响，每天都能够按时上床睡觉，那我们就不用担心自己的身体会因此受到不良的影响了。

我们的生物钟跟着父母转

在我们的生活中，很多小朋友的生物钟，其实是会受到父母的影响，跟着父母的生物钟转的。比如爸爸妈妈睡得晚，孩子也跟着睡得晚。这使很多孩子到了上学的年纪，还不能形成早睡早起的习惯，调整起来也非常困难，甚至会影响到身体的正常发育呢。

所以，小朋友们，你们的爸爸妈妈如果睡得很晚，那就快点告诉他们，为了不影响我们自己的身体健康，可要让爸爸妈妈快点调整他们的生物钟啊！

生物钟与考试效果

　　在前面的内容里，我给大家举过两个例子，一个是学习成绩一直都很好的学生突然某次考试成绩却非常差，还有一个例子是平时成绩一般的学生，可能某次考试却名列前茅了。小朋友们，你们还记得这两个例子吗？它们都说明了生物钟有可能会影响我们的考试成绩，所以呀，我们应该正确处理好生物钟与考试的关系。下面，我就来教教你们怎么做吧。

　　小朋友们，你们一定要明白，并不是所有取得好成绩的人在考试时生物钟都处于好"心情"，有很多同学在他的生物钟"心情"不好时也考出了优异的成绩。同样的道理，有很多同学在他的生物钟"心情"很好时也没有考出好成绩。所以，生物钟并不能决定我们的考试成绩，只是在考试效果上有一定的影响哦。如果你们没有考出好成绩的话，可不能都怪罪在生物钟头上啊。

　　怎样才能更好地利用生物钟呢，你应该用我们之前讲过的知识，计算出自己考试时生物钟的"心情"，在考试前对自己的生物钟有一个充分的了解，这一点对我们非常重要哦。如果计算出生物钟"心情"好，那么我们就应该趁热打铁，好好复习功课，争取在考试中取得更好的成绩。你们千万不要以为生

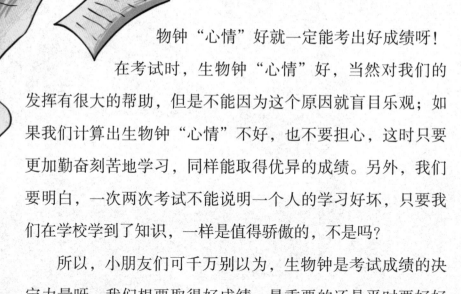

物钟"心情"好就一定能考出好成绩呀！

在考试时，生物钟"心情"好，当然对我们的发挥有很大的帮助，但是不能因为这个原因就盲目乐观；如果我们计算出生物钟"心情"不好，也不要担心，这时只要更加勤奋刻苦地学习，同样能取得优异的成绩。另外，我们要明白，一次两次考试不能说明一个人的学习好坏，只要我们在学校学到了知识，一样是值得骄傲的，不是吗？

所以，小朋友们可千万别以为，生物钟是考试成绩的决定力量呀。我们想要取得好成绩，最重要的还是平时要好好学习，在考场上认真仔细。

怎样用生物钟来帮助我们学习

小朋友们，你们一定有过这样的经历：有时候可能上午还精力充沛，情绪饱满，学习状态很好，可一到下午就不行了，头昏脑涨，精神不振；有时候觉得自己学习效率特别高，可有时候注意力却不能集中……你们可千万不要以为自己是生病了呀，这有可能是生物钟在

作怪。如果你能根据自己的生物钟情况合理安排学习，就会达到很好的效果呦！

　　小朋友们，先来看看你是属于"猫头鹰"型还是"百灵鸟"型的人。前者在晚上精神状态好，所以适合晚上多工作、多学习。比如世界著名的音乐家莫扎特，他的很多优秀作品都

是在晚上创作的。相反，拿破仑通常在早上三四点就开始了自己一天的工作，他则属于后者"百灵鸟"型的人，这类人在清晨拥有一天最高的工作和学习效率。如果你属于"百灵鸟"型的人，那么可以选择早起来学习。

在学习中，我们还可以采取"定时、定点、定科目"的方法，也就是每天在同一个时间段、同一个地点复习同一科目内容。比如，坚持每天晚上6—7点在同一地点复习数学，解数学难题。久而久之，生物钟就会记住这个规律。以后每到晚上6点钟，生物钟就将大脑自动调到"数学档"，使数学学习效果更好。7点以后，生物钟又会自动调到下一个复习科目。

小朋友们，你们还记得《身体的一天》的内容吗？虽然我们每个人体内的生物钟都会有差别，但总的规律还是一样的：上午7—11点我们第一个学习工作的最好时间段，下午5点到晚上9点是第二个工作学习最好的时间段。你应该多选择在这两个时间段学习，因为在晚上10点以后，我们的身体就会感觉疲乏、犯困了。

还有一个秘诀，我要告诉大家，大多数人比较好的识记时间是在晚上临睡前。如果早上醒来后再对昨晚上识记的内容进行复习，那么，这些内容就会深深地印在你的脑海里，不会忘记了呦！不信的话，大家就试一试吧。

新学期开学了，你要调整好生物钟了

每当寒暑假的时候，你们过得是不是都很开心、很放松呀？可是快要开学了，你们很多人是不是还沉浸在丰富多彩的假期生活中呢？这时候，你们可要收收心，调整好"新学期生物钟"，快点走出"假期综合征"吧。

快要开学了，昼夜颠倒怎么办？有的小朋友，一到放假作息时间就发生很大的变化，经常是昼夜颠倒：晚上拼命地熬夜，白天却要睡到中午才起床，尤其是过年的几天里，这种昼夜颠倒的现象会更严

12:00

重。其实在假期里，适当的休息和放松对我们身心健康都是有好处的，但是，小朋友们，你们可要把握好尺度哦，不要让生物钟全乱了。在快开学的时候，一定要早睡早起，尽快调整好生物钟，让自己以更好的精神状态来迎接新学期的到来！

　　小朋友们，假期里，爸爸妈妈是不是会带你出去旅游啊？旅途中是不是开拓了自己的眼界，看到了很多新奇的事物和美丽的景色呀！可是要开学了，你却玩得很累，或者还在留恋旅途中的种种趣事怎么办呢？快点把你的心收回来吧，看看书，写写字，再制订一个简单的新学期规划。这样，就能让自己的注意力从旅游回到学习生活上了。

什么时候运动会让你的身体最棒！

为了我们能有一个更健康的身体，小朋友们，你们一定要进行适当的体育锻炼呀。那么什么时间锻炼，效果最好呢？让我来告诉你们吧。

每天早晨起来，你要坚持慢跑或者快走。

中午11点，也要做一些小幅度的运动，比如弯弯

腰、踢踢腿。下午3—5点，是我们一天中呼吸最棒的时间，这时我们可以做一些高难度的运动。晚上6—8点，是我们身体最棒的时间，我们可以跑步或者游泳。

小朋友们，因为我们还要上课学习，所以没有充分的时间每天都坚持做这些运动，你可以适当选择一两个时间段，长期坚持下去。这样不仅锻炼了身体，更磨炼了你的意志。只有有了健康的身体，我们才能全身心地投入学习呀。

十个让你精力充沛的秘诀

小朋友们，你想让自己精力充沛，活泼健康吗？我来教你十个秘诀吧。

1.早晨锻炼5分钟。起床后锻炼5分钟，做一些俯卧撑和跳跃运动，不仅为身体充电，而且能减掉多余的脂肪呢。尤其是爱美爱瘦的女孩子，坚持一段时间，一定有减肥的效果呦。

2.养成喝水的好习惯。早起先喝一杯水，做一下内清洁，也为五脏六腑加些"润滑剂"。每天至少要喝8杯水。

3.按时吃早餐。按时吃早餐的人精力充沛，身形也相对匀称。最营养健康的西式早餐是：两片全麦面包，一块熏三文鱼和一个西红柿。全麦面包含有丰富的营养；西红柿的番茄红素有利于骨骼的生长和身体保健；三文鱼中丰富的脂肪酸和蛋白质对身体更加有益。

4.10点加餐。想在一天剩下的时间仍像刚充完电，这时就必须加加餐。一块巧克力或几块饼干，除了补充能量以外，还能有效避免午餐暴饮暴食。

5.午后喝咖啡。午餐后，身体的睡眠因子成分增多，是最容易犯困的时候，这时喝一小杯咖啡能提神，喝茶也行。

6.多倾诉你的心事。喜欢与人交流谈心的人善于发现生活的乐趣，把自己的烦恼或者倒霉的事儿一股脑儿说出来，就不会觉得不开心了。

7.坐有坐相。不管是站还是坐着，应当收腹立腰，放松双肩，脖子有稍稍伸展的感觉。

8.学会放松。学习中碰到难题，一时半会儿又没法解决，不如先休息，如去玩一会儿，或者锻炼锻炼，换换脑筋，再接着思考。实在累的时候，可以反复做几次深呼吸。

9.站起来接电话。借机舒展舒展筋骨，一边深呼吸，使富含氧气的血液流进大脑。这个简单的动作能让你几个小时都精力旺盛。

10.边洗澡边唱歌。洗澡时大声唱歌促进身体放松，从而产生一种快乐与幸福的感觉，减轻压力。

什么是番茄红素？

番茄红素是植物中所含的一种天然色素。主要存在于西红柿、西瓜等果实中。科学证明，番茄红素清除侵害身体免疫功能物质的功效远胜于其他类胡萝卜素和维生素E。它还可以有效地防治因衰老、免疫力下降引起的各种疾病。因此，它受到世界各国专家的关注。

你了解咖啡吗？

咖啡，在希腊语中的意思是"力量与热情"。茶叶与咖啡、可可并称为世界三大饮料。世界上第一棵咖啡树是在非洲被发现的。那时，当地的土著居民是把咖啡的果实磨碎了，然后和其他食物混合在一起揉成球形的丸子，当成珍贵的食物吃。后来，人们才发现，利用烘焙的方法，是可以把咖啡果里面的果仁制作成咖啡，当饮品来喝的。而这种饮品，就是咖啡，很受人们的欢迎哦！

运动时警惕六个危险信号

小朋友们，爱运动当然是很好的习惯了，但是，小博士要提醒你了，运动时如果出现以下几种身体不舒服的现象，那你可要注意了。

1.运动时心跳不加快。人在运动时心跳会加快，运动量越大，心跳越快。如果运动时心跳不明显加快，则可能是心脏病的早期信号啊。

2.运动中出现头痛。少数心脏病患者在运动时会头痛。多数人只以为自己没有休息好或得了感冒。因此，提醒那些参加运动的小朋友，如果在运动中感到头痛，应尽早去医院做检查。

3.运动中出现肚子痛。在运动过程中，突然出现肚子痛，可能是因为大量出汗丢失水分和盐分所致。发生肚子痛时应平卧休息做腹式呼吸20—30次，同时轻轻按摩肚子5分钟左右，就可以止痛了。

4.运动时发生头晕。参加运动时如果精神过度紧张，或者蹲时间长了突然起立，就很有可能会出现头晕、耳鸣、眼前发黑等一系列症状，严重者会当场昏过去。此时应立即停止运动，休息一会儿就会好了。

5.运动后出现血尿。小朋友们，你们知道吗，在跑完全程的马拉松运动员中约有15%的人会出现血尿。运动性血尿一般经过一周左右的休息即会逐渐消失。如果发现血尿颜色较深，或是持续时间过长，就要及时去医院进行检查，以防发生急性肾炎。

6.运动后出现哮喘。大多发生在寒冷的冬季，可能与冷空气刺激呼吸道有关。预防的措施是注意保暖，冬季在进行室外活动前要做好必要的准备工作。

什么是马拉松？

马拉松是国际上非常普及的长跑比赛项目，全程42.195公里。这个比赛项目距离的确定要从公元前490年9月12日发生的一场战役讲起。这场战役是波斯人和雅典人在离雅典不远的马拉松海边发生的，史称希波战争，雅典人最终获得了反侵略的胜利。为了让故乡人民尽快知道胜利的喜讯，统帅米勒狄派一个叫菲迪皮茨的士兵回去报信。菲迪皮茨是个有名的"飞毛腿"，为了让故乡人早些知道好消息，他一个劲地快跑。当他跑到雅典时，已上气不接下气，激动地喊道"欢……乐吧，雅典人，我们……胜利了！"说完，就倒在地上死了。为了纪念这一事件，在1896年举行的现代第一届奥林匹克运动会上，设立了马拉松赛跑这个项目，把当年菲迪皮茨送信跑的里程——42.195公里作为赛跑的距离。

得了肾炎有哪些症状？

急性肾炎，是急性肾小球肾炎的简称。得了肾炎，会出现血尿、蛋白尿、水肿、高血压和肾小球滤过率下降等病症，因此也常被称为急性肾炎综合征。这是小儿时期最常见的一种肾脏病，在儿童3—8岁的时候容易得这种病。

不同心情时
要做不同的运动

你知道吗？心情不同，选择的运动方式也应不同。小朋友们，你们快来根据心情，选择适合自己的运动吧！

开心时：

  人在开心的时候，无论做什么事情都充满活力，那么这时候你可以选择做一些气氛比较活跃的运动项目，如搏击操等。利用你开心的情绪，带动身体每个细胞都参与进来，达到"身心愉快"，锻炼效果会成倍地增加哦！

  郁闷时：

  遇到不顺心的事情，这时候你要对自己说，没什么大不了的，都会过去的。这时候建议你去听一些缓和平静的音乐，做一些柔和优美的动作，体会凝神静心的感觉，任他暴风雨再猛烈，我依然很平静。

愤怒时：

当你愤怒生气的时候，注意，千万别把怒火烧到关心你的人身上，尤其是你的爸爸妈妈。这时你可以打打拳击，做一些竞技体育运动项目，对着那些靶子尽情地释放吧，把你不好的情绪都宣泄出去。

平淡时：

小朋友们，你会不会有时候觉得没有事情做，生活很平淡啊？这是大多数人的正常情绪，那么我们就去做一些户外运动，如爬山、打雪仗，不但能呼吸新鲜的空气，同时也可以开阔你的心胸，让天地留驻你的心间，把舒畅融入你的身心。

食物可以影响我们的心情呢

小朋友们，你们见没见过这样两种人，一种是心情不好的时候，就不想吃饭；另一种是心情不好的时候，就想大吃一顿？其实，不仅心情影响食欲，食物还会影响我们的心情呢！

喜欢吃辣椒的人，往往不只是被它特殊的味道所吸引，还因为吃了辣的东西以后能产生短暂的愉快感。因为当辣椒中含有的辣椒素刺激口腔神经末梢、产生热辣辣的感觉时，大脑便释放一种能让人感觉愉快的物质，有趣吧！

早上喝一杯咖啡，有提神醒脑的作用，但是，每天喝3杯以上的咖啡，就会使人烦躁、易怒。临睡觉前喝一杯咖啡，还会使人失眠。

巧克力是许多女孩子喜欢吃的零食。因为巧克力和其他富含碳水化合物的甜食一样，具有镇静的作用。

橙子和葡萄中含维生素C。轻微缺乏维生素C的人，每天吃两个橙子或一些葡萄，可以使紧张、易怒、抑郁的不良情绪得到改善。如果多吃，效果会更好。

香蕉中含有丰富的镁。镁缺乏与情绪紧张有着很大的关系。因此，生活忙碌的人多吃一点香蕉，可缓解紧张的情绪。小朋友们，如果你考试的时候爱紧张，那么考试

前你就吃上一个香蕉吧。

牛肉中含有胆固醇。许多人为了降低胆固醇而完全忌吃牛肉，这往往会引起缺铁，使人感觉疲劳，心情抑郁。如果每天吃点牛肉，会比完全素食的人多吸收50%的铁，就不会产生疲劳和心情抑郁的感觉。

牛奶及乳酸、奶酪等奶制品含有丰富的钙质。而钙质具有安定情绪的效果。心情不好时多吃这些食品，可以避免发脾气呢。

由于食物能影响人的情绪，所以，根据自己的情绪选择不同的食物来改变心情，对我们很有好处的呦。

11种健康的吃饭方式

小朋友，你是一个挑食的孩子吗？如果是，那我们可要提醒你了，快点改掉这个坏习惯吧。我来教你几种健康的吃饭方式吧。

要健康，就要杂食。杂食充分体现食物互补的原理，是获得各种营养素的保证。可先从每天吃10种、15种食物做起。

要健康，就要慢食。"一口饭嚼30次，一顿饭吃半个小时"有多重功效：健脑、减肥、美容、防癌。

要健康，就要素食。多吃蔬菜，少吃肉。

要健康，就要早食。即三餐都要早。早餐早食是一天的"智力开关"，晚餐早食可预防十余种疾病。

要健康，就要淡食。就是食物要少盐、少油、少糖等。

要健康，就要冷食。吃温度过高的食物，对食道健康有害。常食低温食物可延年益寿，冷食还能增强消化道功能呢！

要健康，就要鲜食。因为新鲜的食物所含的营养物质更多。

要健康，就要洁食。即我们所吃的食物要无尘、无细菌病毒、无

污染物。

要健康，就要生食。并非一切食物都要生吃，而是"适合生食的尽量生食"。

要健康，就要定食。就是要定时定量吃饭，这是人体生物钟的要求。

要健康，就要小食。三顿正餐外的小餐（上午10点、下午4点及晚上8点左右）称为"小食"，也就是要少食多餐，这可跟我们说的吃零食不同呦。小朋友们，记住了吗？

保护好生物钟，你就能长寿

小朋友们，我们都知道生物钟对身体有着很重要的影响，如果生物钟不调整好，不仅对身体不好，对精神方面也不好，还有可能引起内心焦虑等症状。所以，正常的生物钟是人体健康、长寿、益智、欢愉的保证。

在养生方面，生物钟也是一个很重要的课题。

生物钟养生有什么特点呢？它最大的特点就是采取综合

措施养生，在这方面有个很重要的理论——"养生木桶论"。木桶是由几块木板围成的，它的盛水量是由几块木板中最短的那块木板决定的，其他的几块木板再长也没有什么作用。因此，这最短的木板就成了最大的限制因素，只有增加最短木板的长度才有可能把盛水量变大。养生也是同样的道理，要采取"补短措施"。就算我们的身体素质各方面都很好，但是只要有一方面对生物钟有不利的影响，在养生上我们就做得不够。养生很注重全面护理，包括饮食起居的方方面面，都要做好。想要在养生上做好，就一定不能忽视了生物钟的作用。

那生物钟和长寿之间又有着什么样的关系呢？我们知道世界上有很多的百岁老人，他们之所以能够长寿，与他们平时的生活规律有着密不可分的关系。他们的生物钟往往很有规律，并且很少打乱这种规律。因此，我们要从生活的各方面都注意保护自己的生物钟规律，尽量不让它受到其他方面的影响，这才是长寿的前提。

对人们来说的4个危险时间段

　　小朋友们，对我们来说有4个危险的时间段，你们知道是哪4个吗？它们分别是黎明、月中、年末和中年。为什么这4个时间段是危险的呢？我们看一看吧。

　　黎明：一天中，人最危险的时刻要数黎明了。在黎明的时候，人的血压、体温变低，血液流动缓慢，血液较浓稠，肌肉松弛，很容易缺血。调查显示，凌晨的死亡人数占全天死亡人数的60%呢！

月中：一个月里对生命最有威胁的是农历月中，这与天文气象有关。你们知道吗？月亮具有吸引力，它能像引起海水潮汐一样，作用于人体的体液。每当月中明月高挂的时候，人体内血液压力可变低，血管内外的压力差、压强差特别大，这时容易引起心脑血管病。

年末：对生命而言，一年中最危险的月份要数12月了，这与气候寒冷有关。人到岁末，精神紧张，情绪波动，抵抗力、新陈代谢低。此时，一些慢性病常常会加重。

中年：人的一生，中年是个危险的年龄阶段。人到中年，生理状况开始变化，内分泌失调，免疫力降低，同时家庭、工作、经济、人际关系等压力增大，种种负担导致中年人心力交瘁，疲惫不堪。

冬季怎么调节生物钟呢？

小朋友们，你们还记得自己冬天赖在床上不肯起来的场景吗？到了冬天，感觉整个人都变得懒洋洋的，睡得早起得晚。在冬季，我们的食欲也会增加，通常的解释就是我们需要更多的食物来保持能量。那你们想知道科学家对此是怎么解释的吗？

冬天，由于天气的严寒，会影响到我们的内分泌系统，使得一些激素的分泌增加，进而加速了蛋白质、脂肪和碳水化合物

这三种物质的分解，以此产生更多的热量来抵御严寒。所以，在冬天，我们应该多吃一些增加热量的食物。

对于体质偏瘦但是比较健康的人来说，可以结合自身的身体素质，适当选取药食两用的食品，如红枣、花生仁、核桃仁、黑芝麻、莲子、山药、扁豆、桂圆、山楂等，再配合营养丰富的食品，就可达到御寒进补的目的。

对于身体比较胖的人来说，冬天则是减肥的好时机，所以晚餐应该少吃，不能多吃油腻的食物。因为我们所吸收的营养物质容易在夜间转化为脂肪储存在体内，再加上晚上的活动量很小，晚餐如果吃得太多、太油腻，还容易引起血脂升高，埋下疾病的种子。

　　小朋友自身的耐寒能力差，冬季尤其要注重蛋白质、碳水化合物和脂肪的补充，但也要注意适量。

　　小朋友们，你们可千万不要以为只要按照食谱进食，就可以保证整个冬天身体的健康了。在调整饮食的同时，还要注意加强锻炼，坚持做适当的体育运动。体育锻炼可以促进新陈代谢，加快体内血液的循环，还能够促进食物的吸收，好处有很多呢！总之，我们想要在冬天也保持良好的生物钟，既要注意自己的饮食习惯，又要加强锻炼哦！

我们需要什么时间喝水呢?

小朋友们，你们是不是什么时候渴了就什么时候喝水呀?其实这是不科学的，我们应该参照下面的时间表来喝水。

早晨6:30。早晨起床后，先喝一杯水，把我们身体里的毒素都排出去吧。

上午8:30。这时候，我们的身体里已经没有水分了，所以，小朋友们，下课后你一定要再喝上一杯水哦!

中午11:00。一上午的学习就要结束了，快点再喝一杯水，来缓解一下你紧张的情绪吧。

中午12:50。这时候，你已经吃完午饭有半个多小时了吧，再喝一杯水吧，让它帮助你消化肠胃里的食物。

下午3:00。这杯水很重要哦，因为它可以促进我们的大脑运转，让我们保持思维敏捷。

傍晚5:30。一天的学校生活已经结束了，晚餐前再喝一杯水，这样晚餐你就不会暴饮暴食，有助于我们的身体健康哦。

晚上10:00。在睡觉前的30分钟或者1个小时，一定要再来一杯水。千万不要一口气喝完，要慢慢地喝，记住了吗?

我们应该什么时间刷牙呢?

小朋友们,我们很多人都是每天早晨起来刷牙,其实,这个刷牙时间是不正确的。还有,我们多数人每天都只是刷一遍牙,这个次数也是不够的。

那么,我们每天到底要在什么时候刷牙呢?要刷几次呢?我来告诉你们吧。

我们每天要刷3次牙,每次刷牙的时间是在饭后3分钟,每次刷牙时间为3分钟。"3个3"很好记吧?吃完饭后,我们的牙齿缝隙之间会残留很多

的食物残渣，而且在饭后3分钟刚好是口腔内细菌繁殖的时候，所以，饭后3分钟刷牙是最好的，这样可以迅速杀掉口腔内的细菌。每次刷牙3分钟既能彻底清洁牙齿，又不会让牙齿受到损害，刚好达到保护牙齿的目的。小朋友们，一定要记住晚饭后必须刷牙！因为睡觉的时候，我们的生物钟会指挥我们的口腔减少唾液分泌，如果还有食物残渣留在嘴里，这对我们的牙齿危害可就大了呀。为了牙齿的健康，小朋友们，一定记住"3个3"呦！

我们应该什么时间吃水果呢？

水果可是我们人类的好朋友呀，因为它对我们身体的健康很有好处呢。但是，吃水果也要合理安排好时间哟。每天饭前的半小时和饭后的1—2个小时，是我们吃水果的最佳时间。

饭前吃水果的好处：饭前吃水果有利于水果营养成分的吸收。同时，我们吃了水果，小肚子就会有饱饱的感觉，这

样，还能防止我们暴饮暴食呢。还有，水果的热量要远远低于其他食物，有利于我们保持苗条的身材哦。

饭后1—2个小时吃水果的好处：小朋友们，饭后一定不要立刻就吃水果呀。因为刚吃完饭时我们的肚子里有很多的食物，所以我们的胃要消化这些食物需要一段时间，如果水果在肚子里待的时间太久了，就有可能导致腹泻、腹胀等消化疾病。饭后1—2个小时以后，所有的食物都消化得差不多了，这时候再吃水果，水果也会很快被消化掉，我们的肚子就不会疼了。

什么时间洗澡对身体最好？

小朋友们，你们平时喜欢什么时间洗澡呢？我想，很多人洗澡的时间都不是固定的吧。其实，洗澡也有科学的时间，因为它与我们的生物钟有关系。那么生物钟给我们安排的最好的洗澡时间是什么时候呢？那就是睡觉前。因为睡觉前洗澡，可以让我们的身体肌肉放松，促进血液循环，让我们舒舒服服、甜甜蜜蜜地进入梦乡。

从小爱科学　小生活大世界